波奇好好吃

愛蜜莉的貓奴養成日記

圖・文／愛蜜莉　演出／波奇

哈囉～～～大家好，我是愛蜜莉！你們可以叫我蜜莉哥！
Pocky
這本書呢，是關於我和我的貓咪波奇相遇跟每一天相處的故事喔～
愛蜜莉
首先要感謝拿著這本書的你啊！這本書是我的第一本圖文書～歷盡千辛萬苦終於和大家見面了！（撒花）
是說……
雖然這是一本充滿著對貓咪滿滿的愛的書
POCKY
但其實從小到大家裡一直都是養狗的愛蜜莉，
作夢也沒有想過自己會有成為貓奴的一天啊！
貓奴
優露西菇～
噗!?
奴

而且還心甘情願地服侍著家裡有如小霸王般的胖貓（？）
跩
跩
人生的跑馬燈啊～
那麼……究竟我是如何踏上這條不歸路——
啊，不是！是我如何從一個有點怕貓的女子，搖身一變成為
啊哈哈哈哈哈哈
每天為愛貓把屎把尿，赴湯蹈火都在所不惜的事業貓奴呢～
（？）
哈哈哈哈
想知道更多貓咪這種生物擁有的神秘力量，以及爆笑小秘密嗎？
愛貓的你要看，還沒開始愛貓的你更要看！
LET'S GO !!!!

目錄
CONTENTS

前言 2

人物介紹 6

CHAPTER 1
愛蜜莉與波奇的奇妙相遇 8

CHAPTER 2
初次見面，波奇！ 29

CHAPTER 3
成為貓奴的第一天 49

CHAPTER 4
對抗黴菌大作戰 67

CHAPTER 5

武龍 vs. 波奇的戰爭 85

CHAPTER 6

沒有用的東西 103

CHAPTER 7

那些養貓的丟臉事 119

CHAPTER 8

媽媽是波奇的！ 137

CHAPTER 9

能夠遇見你，真好！ 157

後記 173

愛蜜莉

愛蜜莉(♀)
誤入歧途(?)貓奴一枚
擁有一頭粉紅色
點點的頭髮♥
從小的夢想是當
漫畫家，長大後
的夢想變成
想當一隻貓
喜歡亮晶晶
繽紛咖樂
佛的東西
愛作白日夢
愛講垃圾話
腦子總是裝
滿沒營養的想法
變身！
兔兔好朋友
鮭魚.牛排
明太子LOVE♥
回到家就變身大叔系女子代表
骨子裡有如住了個大叔一般，
下班後來罐啤酒什麼的最讚了！

Pocky

興趣：吃＋睡
專長：吃＋睡

Pocky（♂），7歲
現任職業家貓一隻
也可叫做波奇哥
是家中小霸王，
願望是能有吃
不完的罐罐

是隻臉扁扁加菲貓，
又叫做異國短毛貓
胖胖的身材和
短短的腿也
能很帥！

波奇好好吃
粉絲團當家花旦

背上有一小撮
黑色的毛

嘿，你相不相信，
世界上有命中注定這種事呢？
Z Z
有的時候老天爺會偷偷地為你安排……
哇啊！要遲到了啊啊啊啊！
咚咚咚咚咚咚
嗚啊～
今天是好天氣呢！
一個讓你意想不到的相遇，走進你生命中……

CHAPTER 1

CHAPTER 1

愛蜜莉與波奇的奇妙相遇

天啊！是貓！
喵！
嚇！
為什麼他一直朝我狂叫啊！
沒錯，其實以前的愛蜜莉一直都是個有點怕貓的人……
好可怕喔
從小呢，我家養的寵物一直是狗，也都沒機會接觸到貓咪，
愛蜜莉．6歲
瑪爾濟斯
Lady (♀)
加上傳統的長輩都會灌輸一些貓咪錯誤的刻板印象給我們，
所以一直以來，我甚至對貓咪有很多害怕的不好印象……
抓人
冷漠
不理人
兇狠
好可怕
嗚

尤其是像遇到今天這種狀況的時候……
你不要過來啦～
步步
逼近
現在怎麼辦！我到底該不該逃跑……！
他會攻擊我嗎？
喵！
啊啊啊啊
啊啊啊啊
我還不想死啊～～
蹭蹭
喵～～～～
咦？
發生什麼事了？
蹭蹭
我還活著？
喵～～～～
喔喔這真是……
這真的是……

太可愛啦～～～～
天啊～～～
叮咚叮咚……
翻肚
滾滾滾
原來是想要我摸肚肚啊～早說嘛！
嚇死我了
還真是個可愛的孩子呢～
小花～回家吃飯囉！
小花～
摸摸摸
你又跑去哪裡玩耍啦～
喔！有主人啊～
貓咪好像跟我印象中的不太一樣耶……
好可愛喔……
啊
差點忘記要去學校了上課了！

從那一天起，騷擾家裡附近的小貓小狗竟然成了愛蜜莉生活中的小確幸（？）
姐姐愛你噢～
極其騷擾之能事
貓咪實在太可愛了啊啊好療癒～
小雪，♀
小花，♂
在曬的梅干
八哥犬妞妞
妞妞來笑一個
咕嘰咕嘰出來嘛～
小花～姐姐帶零食來囉～
小花～你今天也一樣好～可愛喔你知道嗎？
來姐姐親一下好嗎～
變態阿姨
嘻嘻嘻～

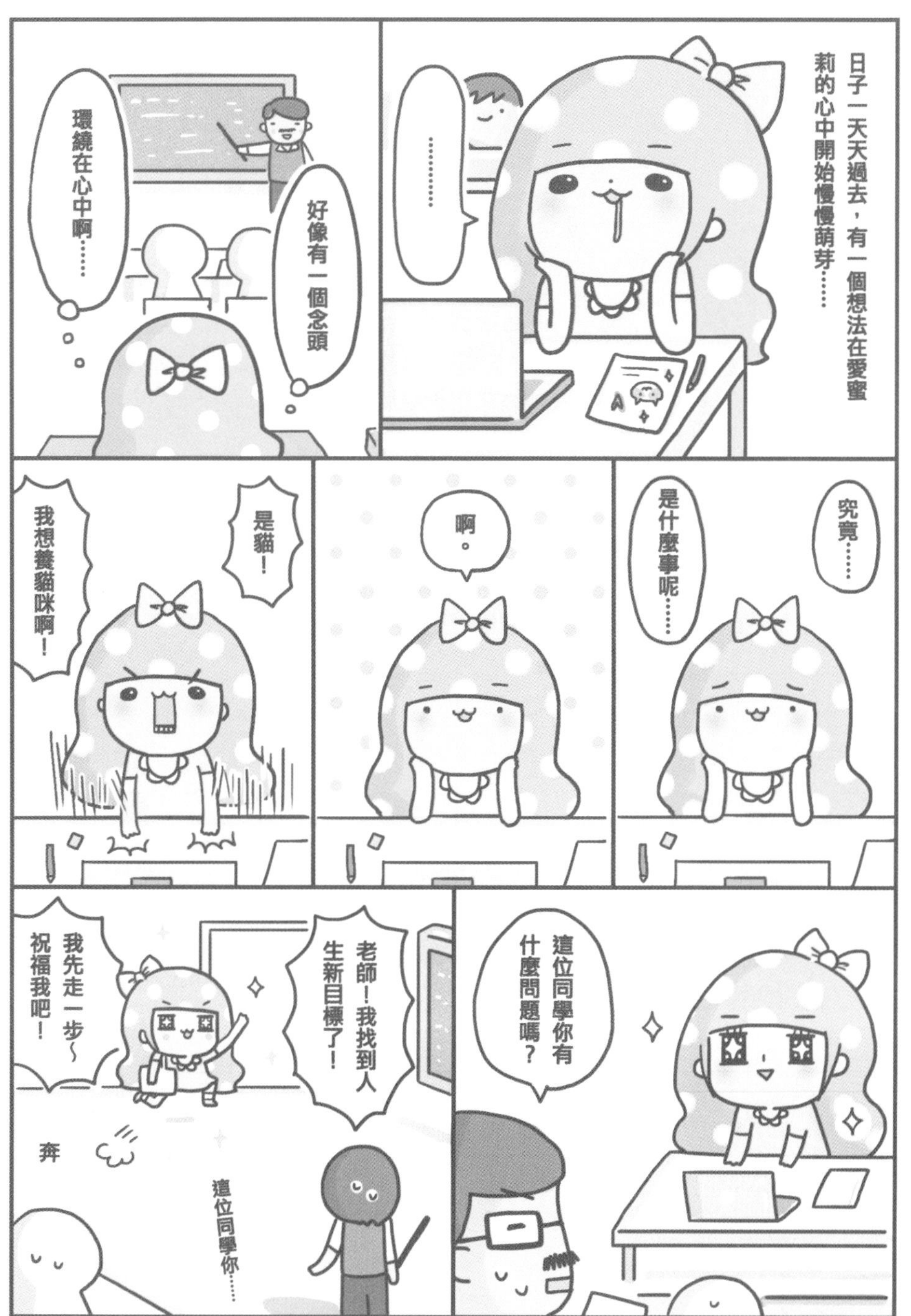
日子一天天過去，有一個想法在愛蜜莉的心中開始慢慢萌芽……
……
好像有一個念頭
環繞在心中啊……
究竟……
是什麼事呢……
啊。
是貓！
我想養貓咪啊！
這位同學你有什麼問題嗎？
老師！我找到人生新目標了！
我先走一步～祝福我吧！
奔
這位同學你……

愛蜜莉的決心
我決定要養貓了！
哇哈哈哈哈哈
我的人生要邁入下一個里程碑了！
我要開始養貓了～～
喔呵呵呵
咦？
等等不對
陷入沮喪……
我完全忘了最重要的事！
我是要去哪裡找隻貓來養啊啊啊啊啊啊～～～～

PTT
Google大神
生在網路時代真是太好了啊～～
身為一個資深鄉民的愛蜜莉相信一定有地方可以找到的！
不過，天無絕人之路。
還有Facebook認養社團！
首先上PTT貓咪版找看看領養的資訊！
哇！真的有好多在開放領養的貓咪呢！
可是……
一查才發現，原來我的身份是最難領養到貓咪的族群，很多送養的資訊都不接受學生和25歲以下的人領養，
25才以下!!
学生
嗚嗚……
學生錯了嗎……
因為對送養人來說，這族群算是經濟能力以及責任心相對比較不穩定的，所以也就比較難領養到貓咪……（嘆）

點頭
點頭
嗯～不過也是能理解送養人的心情呢～畢竟辛辛苦苦照顧的小貓要送養，當然希望幫他們找個一輩子愛他的好主人呀！
而且現在社會上虐貓虐狗的壞人太多了，該好好篩選才是！
唉！沒關係，那我就換個地方找看看吧！
沒有事情可以難倒宅女的！
Google
貓 領養
來輸入關鍵字，貓 領養搜尋看看24小時內的發文……
喔！有了有了！第一個就是
來點進去看看……
嚇!!!!
天…天啊……這……這是……
就在我點進去的第一個網頁裡，我看到了驚人的畫面……

出現！
世界上怎麼會有長成這樣子的貓啊！
看那蹺蹺又胖胖的圓臉，帶點鄙視感的眼神……
還有那一副不可一世的欠揍表情……
這真是……
這真的是……
太可愛啦～～～
這是我的貓～
命中紅心
在網路上第一次看見波奇的相片後，愛蜜莉的心就這樣深深地被擊中，眼中再也容不下其他的貓了……

把鼻血擦一擦，先來問問看能不能認養他……
再度陷入沮喪
但我是最不受歡迎的領養人族群……
真的會有機會輪到我帶他回家嗎……
唉……
不過……沒試的話就一定沒機會……
坐起
至少要試試看以後才可以放棄！
打電話過去給他的飼主問問看！
喂～你好！我在網路看見你們刊登送養貓咪的資訊……
想請問……我能不能夠認養你們的貓咪呢……？

不好意思耶……今天好多人打電話來說要認養他，
你可以先留下資訊，我們如果有決定再跟你聯絡！
……
在留下手機號碼跟資料後我就掛上了電話……
喀喳
掛上電話後，波奇的身影一直在我的心中揮散不去……
唉……
好像沒有機會可以帶他回家了怎麼辦……
機會渺茫的感覺……
不行！不可以就這樣輕易地氣餒！
給我振作！
嚇!!!
要相信一定會有奇蹟發生的！
啊啊啊啊!!!!
愛的鼓勵一起來!!
………

不過……
我該怎麼做才能讓他們感受到我的誠意呢……
我真的會好好照顧他啊
來打一封簡訊跟他的主人自我介紹一下我自己好了~
告訴他們我是好人(?)
我打了一封好長好長的簡訊寄給送養人，告訴他們我雖然是第一次養貓，又是個學生，
但是我一定會用心的愛這隻貓咪，好好的把他當成我的寶貝
盡力以後就聽天由命了吧……已經三更半夜也該睡了~
會不會有……
好消息呢？

那天把簡訊送出去以後，
我躲在被窩裡許願，
期待
老天爺啊，請給我一個奇蹟吧……
可以的話，我一定會好好
用心照顧這隻貓的……
哇～
好乖好乖
幻想已經和貓咪
在一起的情景
(妄想中)
喔！有電話！
喂？
你好～

就在那一天，奇蹟發生了……
什麼！真的是我嗎！
天啊～～～～～～
(?)
我們看了你的簡訊以後很感動，相信你一定會用心的好好照顧他，所以想把他給你領養～
嗚嗚謝謝你們願意相信我……
哭了
我一定會當一個好主人的……
到今天我依然覺得，你是老天爺帶給我最棒的禮物，
緣分是很奇妙的東西，如此幸運地讓我遇見了你，
我要當媽媽了！
耶！
我想這應該就是命中注定吧（笑）

老實說，成為一個貓奴完全就是我人生中一場美麗的意外！從一個會怕貓的人到現在變成一個愛貓愛到沒有貓不行的人，如果跟幾年前的我說我現在會變成這樣，我一定打死也不會相信的吧～（笑）

雖然我從想要養貓到決定養貓的時間不是很長，不過其實在那之前我也是做了相當多層面的考量才作出這個決定的喔！像是經濟啦、健康及生活影響，還有寵物的晚年照護……等，都是作了一定程度的評估才養的，畢竟要對一個生命負責好幾年的時間可不是一件簡單的事呢！大家在養寵物前真的要好好想清楚啊～

從決定要養貓以後，我就上網找認養管道的資訊，那時對貓的品種什麼的完全都一竅不通，一心只想找一隻跟我有緣分的貓咪！（我是個好相信緣分的人XD）還記得那個時候我第一次看到波奇的照片時，腦中瞬間閃過「嗯？這傢伙長這樣是貓嗎？」的念頭。（笑）

如果想要養隻貓咪的話，也真的很鼓勵大家可以用「領養代替購買」，除了給這些需要機會的毛小孩們一個家～也可能就會幫助一個生命！

或許，你也可以遇見一隻像波奇一樣肥嘟嘟又可愛的貓喔～（≧▽≦）/

看看那個眼神！

這是愛蜜莉第一次在
網路上看見波奇的照片～

有食物時

沒食物時

走一個憂鬱系少年
的概念？

就是這些照片讓愛蜜莉一見就鍾情啊!!!（噴鼻血）

快帶我回家吧！
這位太太～♥

鄰居家的巴哥犬妞妞

路邊常常被我騷擾的小花本人

波奇，該減肥囉～～

CHAPTER 2

CHAPTER 2

初次見面，波奇！

接下來就是實戰經驗，到寵物店去做準備了！
喔喔～～～
好興奮啊～～～
這是什麼！看起來好好吃！人可以吃嗎？
喔喔好多沒看過的東西！
你好～請問需要幫忙找什麼嗎？
店員
非常需要！
其實我是第一次養貓，不知道要買些什麼才好啊……
小肥羊
原來是這樣，包在我身上～
這個是貓咪最愛！
我買！
都買！
這個必買！
買！
必須入手！
好！
就這樣，在店員的推薦之下，我一次買齊了養貓前需要（以及不需要）的東西……

養貓事前準備
貓砂
飼料
指甲剪
貓抓板
貓砂盆
一次買齊真的太燒錢了……這個月要吃土了～
逗貓棒
貓草
& 木天蓼粉
罐頭 & 零食
外出包
小餐桌 & 餐碗
但真正的考驗還在後頭，因為我那時住在五樓沒有電梯的地方，
重死人了！
猛哥蜜莉
為了養貓！
我可以！
只好一個人硬著頭皮分了好幾趟搬，把所有的東西給運回家！
（哈利波奇之養貓的考驗？）

呼啊！終於爬回家了！
喘
I DID IT !!!
天啊！還以為自己要死了！
那趕緊來佈置一下吧～打鐵趁熱！
- 佈置完畢 -
好興奮啊～
窩喔喔喔喔～整個家好像真的有要開始養貓的感覺了欸！
萬事俱備只欠隻貓！
哇！
弄一弄也這麼晚了！
明天還要早起去接貓咪呢！
好期待喔，快點睡快點睡！
明天睡醒就可以見到我的貓咪了！

隔天一大早，我就搭車南下去前飼主的家裡接波奇了～
地址應該就是這裡沒錯了吧～
也見到了波奇本來的飼主……
你們好！我是愛蜜莉！
我是好人
歡迎歡迎
波奇的前飼主們
我們已經先帶貓咪去獸醫院做最後檢查跟洗澡了，
等下我們一起去接他吧～
好喔！
哇！是貓咪！
你們家養好多貓喔～好像貓咪天堂！
為什麼還要把貓咪送養呢？

唉……
其實他是我第一隻養的貓……
從小就非常疼他，所以好捨
不得……他對人非常溫馴，
只是比較愛吃其他貓的醋，
會攻擊其他的貓，是一隻比
較適合單獨養的貓……
他跟家裡其他貓都一直
受傷，隔離也沒用……
所以才想幫它找一個可以
好好疼他的好主人……
這些光碟是我們養
他三年來幫他記錄
的所有照片……
嗚嗚
就一起交給
你了！
不要擔心！
包在我身上！
我一定會好好愛他的！
接著我們就一起去獸醫院接洗
好澡也檢查完身體的波奇……
他現在身上有點黴菌
感染，不過別擔心，
等下獸醫也會教你
照顧方式，還有要
注意的地方～
好喔！

還記得那是我第一次和波奇見面……
你可以過來抱他了噢
那一年他三歲，
好緊張……
第一次抱波奇的時候，
其實是我這輩子第一次抱貓，
他好像小嬰兒一樣，
軟軟的，毛毛的，
心裡面有種說不出的感動
看書上學的抱法
哇！他喜歡你耶！
他平常不太給人家抱的
太好了
那時我就在心裡面默默下定決心，
一定會好好照顧他一輩子的……
一輩子都會讓他當一隻
最幸福的貓咪的

後來波奇的前飼主也送我們到高鐵站去坐車回家～
珊珊～
謝謝你們噢～再見～
好安靜喔他，真乖～
安靜的搭車
就這樣一路非常順利地把波奇帶回家了
呼～～
呼！他也太重
再度爬五樓
累死我了……
終於到家了
你可以出來囉～新家到了～
咦咦咦咦！是要去哪裡？
像風一樣狂奔
怎麼突然這麼精神百倍！

我鑽
10 cm
用力鑽
那邊縫那麼小你怎麼可能鑽得進去啦~哈哈哈哈別開玩笑了~
你傻傻的
嚇……
他竟然……!!!!!!
竟然真的擠進去了!
(雖然姿勢有夠奇怪)
太猛了吧!
……………
完全不能動只能站著
塞不進去只好露在外面的尾巴
這是什麼軟骨功!而且你該不會誤以為自己這樣已經躲起來了吧!!?
……………
貓咪的腦袋裡到底都裝了些什麼呢……
一片靜默……
無言的控訴

喵⋯⋯
不過你要躲還是去躲別的地方啦，這裡太擠你太胖了～
你會怕就躲進去被子裡吧，比較舒服也乾淨～
睡之前來弄一些他晚上可能會需要的食物跟貓砂吧～
貓咪真的會自己在這裡上廁所嗎？不用人教？
這是砂欸
要倒多少呢？
覺得不可思議
然後放水跟飼料，不知道這樣夠不夠吃～晚上出來也不怕肚子餓了！
水
飼料
還有軟軟的愛心小被被～

呼，終於可以睡覺了～
Pocky
縮在角落
今天實在是好漫長的一天啊～～～
先開著沒有關
開始養貓了呢……
有種好不真實的感覺啊……
腳邊毛毛的，好新鮮～
踢
愛蜜莉第一個養貓的日子就這樣熱鬧的開始了，
哇！你不要亂動啦！
喵！
對不起啦～～～
不過離成為一個好貓奴，應該還有很長的路要走吧（笑）

話說當年領養波奇的時候，波奇的前飼主也有一起給了我五張光碟，裡面裝滿了波奇一歲到三歲間成長的照片還有影片，打開的當下真的好感動，深深覺得波奇真的從小就是個幸福的孩子呢～

謝謝波奇前飼主的愛和用心，讓我用相片參與了那些我以前來不及參與的波奇小時候，也謝謝你們選擇我來照顧波奇以後的日子，我一定會像你們一樣盡全力好好愛波奇的 :)

另外關於像是領養貓咪時，有些送養人會要求簽一些照顧的協定以及貓咪狀況的回報之類的！我覺得在不要過度影響雙方生活的情況下，適時地把貓咪狀況回報給送養人是一件相互體諒的事喔！當時我每隔一陣子會用通訊軟體傳波奇的照片給前飼主，到後來開了粉絲團每天放波奇的照片上去時也有通知他們，將心比心地站在對方立場想想，我相信大家都只是希望自己照顧的寶貝找到一個好人家快樂生活的 :D

（每次翻波奇小時候的照片，我都好想坐時光機回到過去看看波奇的小時候啊～絕對會一邊擦鼻血一邊緊緊抱住他的 >///<）

隱藏版★波奇的小時候！

累了⋯

喵～

嗯？

這是剛出生不久的波奇，就被前飼主接回家囉～

小小的

波奇

⋯⋯⋯⋯⋯⋯

怎麼從小就常露出無奈的臉呢（笑）

眼神死

小天使般的睡姿

小波奇太可愛啦~

ZZZZZ

小時候

原來多元的睡姿是從小時候就開始的！

嚇！

（完全大叔化…）

迷你波奇萌萌四連拍

從小就是圓滾滾包子臉呢！

這必須抱緊處理啊 >///<

我的青春小鳥一樣
不回來～

望向遠方

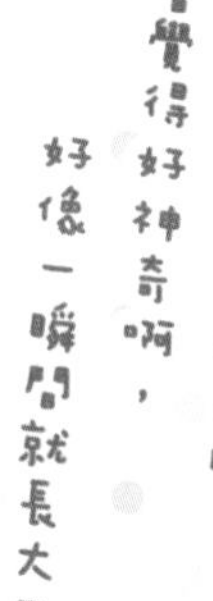

看波奇小時候的相片時
都會覺得好神奇啊，
好像一瞬間就長大了！

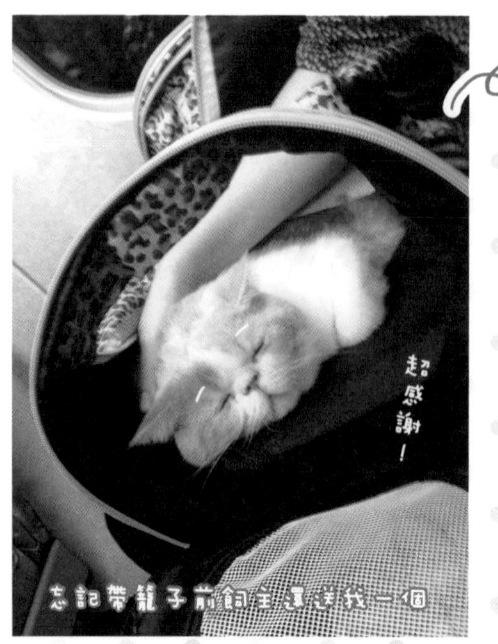

去領養波奇坐高鐵回家，
他一整路都超乖在睡覺的～

後來躲到被子裡睡了一晚

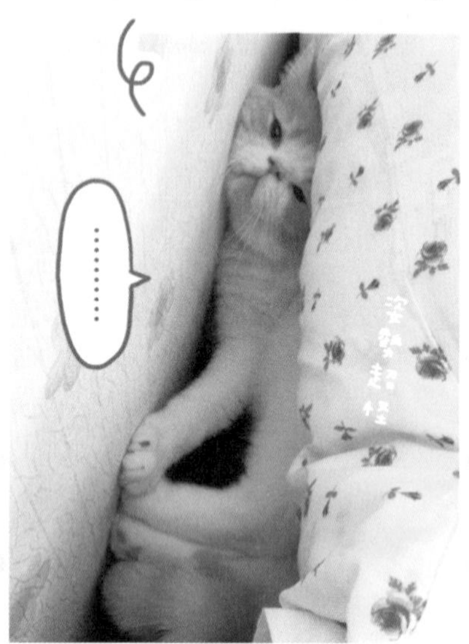

來到我家的隔天就開始用電
腦上網了！（笑）

是一秒幾十萬上下嗎？

肥萌肥萌的～

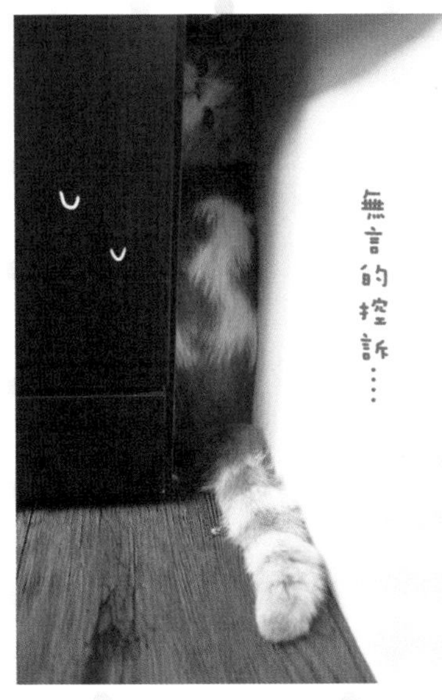

一領養波奇時就已經有一
顆肥滋滋的小肚肚了

>///<

薪水永遠都是給
主子先用啊……

CHAPTER 3

CHAPTER 3

成為貓奴的第一天

他好像比較不會怕我了
拿點零食讓他吃吃看……
過來過來
喵！
緊張緊張
我咬
愛蜜莉生平第一次餵貓咪的初體驗啊～～
初体驗
窩喔……
大成功～～～
天啊我要融化了
心中莫名澎湃洶湧
也該幫你取個新名字了，該叫你什麼才好呢……
偷摸
就叫你POCKY好了！叫做波奇！
啊！
是個聽起來好好吃的名字啊～（？）

......
我叫愛蜜莉喔，以後就是你媽媽了～
你的名字叫做POCKY！要記得噢～
波奇～
貓砂盒
嗅嗅
一切都覺得很新鮮
喔喔～現在是要去上廁所了嗎！
是、是被無視了嗎!?
沒零食了就立刻走人!?
午告變態
波奇……!!!!!
上廁所了啊……!!!!!
生平第一次看到貓上廁所!!!!
噓……
解放……

好新奇
在書上看到，接下來貓咪好像是會用砂把尿蓋起來消氣味的樣子～
貓尿實境秀!?
舉起腳掌
他好像以為自己有在蓋砂呢……
他知道自己完全沒有抓到砂嗎？姿勢也還滿……特別的？
神氣
亂抓一通
抓邊邊
（結果完全都在抓貓砂盆的邊邊）
咦！這樣就結束了!!?
好像哪裡不太對啊先生……
走掉
算了，那接下來呢就是我的……

第一次挖貓砂初體驗啦~~~~
喔喔~原來貓砂遇見貓尿是會凝結成一整塊的啊，好神奇！
挖貓砂其實還滿簡單的嘛~
挖起
此時，這名天真的女子還不知道，這項讓他覺得新鮮的體驗……
最後呢~
把蓋子蓋上就好了~
在未來的幾年裡，他每天都能體驗到不想體驗呢！呵呵呵……（苦笑）
而這個時候的波奇呢……
…………
…………
- 望著碗定格中 -

……
怎麼啦？
碗裡有什麼東西嗎？
看著碗半天，突然伸出手來開始！
用、手、喝!!!!!
迅速
靈活
嚇!!
我到底看到些什麼啊！
書上沒有這樣寫啊
嚇到說不出話來
一般的貓……
都是這樣喝水的嗎!!!!?
咦咦咦咦咦
狂喝
這未免太驚人了吧！
這樣是正常的？
莫非是個練武奇才？

於是震驚的我趕緊打電話給有養貓的朋友求救
我跟你說！
我養的貓！他用手在喝水啊啊啊啊啊！
蛤!!?
怎麼可能啊你瘋了喔！
真的啦！
我幹嘛騙你這個！
朋友還沒人相信我說的，直到我去拍了影片給他們看才相信（淚）
天啊……
難道我的貓……是外星人嗎？
E.T
你是智障嗎。
我猜他應該是因為臉太扁不好喝水吧，會被嗆到
很忙
市面上有那種寵物的飲水機你可以找一下……
原來如此……
喝得滿臉滿手都是
原來你是臉太扁不好喝水啊……早說嘛～嚇死我了！
?
好！我馬上上網幫你買一個飲水機！
媽媽什麼不會，買網拍最行了！
買網拍都衝第一名

讓你喝水不辛苦～
發現目標
悄悄
逼近
買哪個好呢～
偷偷
狂喝
嚇!!!
喂！
那是我在喝的水欸！
和貓吵架的女子
喵！
你自己明明有水啊！
你根本就只是純粹叛逆而已吧！
還頂嘴！

另外當初在買貓咪用品的時候，寵物店員還推薦我買了兩種神奇的粉末……
貓草
一種細細的像粉末狀的草末
木天蓼粉
有點中藥味的咖啡色粉末
這兩個東西貓咪都會非常喜歡喔！
好喔！
真的假的～
但是我發現店員講話根本委婉了啊……
他好像進到另一個極樂的小宇宙了
這玩意簡直是貓界的海洛因吧!!!!
這太誇張了啊……
打滾～
撒了一點木天蓼粉
這還真的只要一點點就能控制一隻貓欸……
咚滋
咚滋
依然在嗨
所以只要有這個……
我應該就可以在貓咪界……

變成貓咪界的吹笛人了啊!!!!
要多少貓咪就有多少貓咪!!!!
愛蜜莉的妄想
光想像就是好愉悅的畫面啊……
欸嘿嘿嘿嘿嘿
另外波奇也超愛吃貓草的，
我都會撒在飼料裡讓他一起吃，
不過很多東西過量與不及都不太好，
所以還是要適度的拿捏份量喔～
下次我們考第一名就可以吃喔～
是要考什麼第一名啦……

還有貓抓板對貓咪來説，也是一個不能缺少的好東西！

好像很抒壓的感覺啊……

其實磨爪子也是貓咪的習性喔，是有很多原因的～

像是為了標示地盤，

還有抑制自己興奮的心情，

以及讓舊的指甲自然脫落，

如果讓貓咪時常有抓板可以抓的話，家裡的傢俱也不怕貓咪抓壞囉！

如果拿人來比喻這種貓抓貓抓板的感覺的話……
真神奇啊……
啊啊啊啊啊啊啊啊
我想也許就像是在廁所狂揍兔子娃娃的那種抒壓感吧……(喂)
除了貓抓板以外，紙箱對貓咪也有著莫名又不可抗拒的吸引力，
神奇紙箱
看起來很幸福
尤其是與身材完全不符合，小到不行的紙箱……(越小越誘人？)
波奇你好像有點太胖了……
不覺得有點擠嗎？
肉都溢出來了啊
不過最讓我感到無奈的時刻還是莫過於……
波奇……

當你花了很多錢買了一個貓用玩具的時候，結果……
好開心～
被無視
覺得有種白花錢了的感覺……
波奇我給你買的玩具是旁邊那個，不是那個裝它的紙箱啊……
我該如何讓你明白呢～～
比起玩具還更愛裝玩具的紙箱
這時候我才開始慢慢體會到，對於貓咪這種叛逆的生物而言，
實在好無奈啊……不過你開心就好了啦～
總之目的是有達到了……
開心～
貓咪的世界真的很難懂呢～
喵～
不按排理出牌，大概就是他們最高的生活原則了啊！（無誤）
試著一起體驗紙箱的魅力ing

剛開始養貓的前幾天，我不管看到波奇在做什麼都好新鮮啊！有種很像以前小時候上自然課時在觀察動物行為記錄的感覺，真的是每天看他在幹嘛就飽了！（笑）

好多好多的第一次貓奴初體驗！第一次清貓砂、第一次餵貓吃東西、第一次看貓喝水.....這些微不足道的小事卻都讓我感到好有趣，我想這都是第一次養貓時才會有的深刻心情吧，現在回想起來都忍不住想笑。

而且跟大家說一個秘密，波奇是一隻不會蓋砂的貓啊！因為一般的貓咪在上完廁所都會用貓砂把排泄物給覆蓋起來消除氣味，可是不知道怎麼搞的，波奇竟然不會蓋砂！他每次上完廁所都會在那邊忙半天抓砂盆！！我猜想應該是他小時候沒有被大貓咪教到吧～因為小貓咪都是看大貓咪的舉動在學習的行為的！說到這個還有一件超好笑的事，有一次我出國把波奇送到朋友家寄養，朋友他們家剛養了一隻小貓，本來上完廁所都會乖乖蓋砂，結果波奇去沒幾天，他們家的小貓也變成只在那邊抓貓砂盆了，完全被波奇給帶壞了啊！（大笑）

有的時候會想起一開始養波奇的那段日子，雖然很忙碌很崩潰又兵荒馬亂的，不過還是讓人懷念呢！

哥好興奮啊~~~

波奇vs.木天蓼現場實驗★

私密直擊！

這包就是木天蓼粉本人

霸、氣、外、露

好像什麼太空飛船一樣

你是要去哪裡~

清貓砂時間到了，
趕快來換新貓砂！
在旁邊看戲
欸咻
大功告成
呼，總算是把貓砂弄乾
淨了，好開心啊～～～
立刻
踏入
咦！
哥就是叛逆！
即刻解放
我才剛剛清完欸……

CHAPTER 4

CHAPTER 4

對抗黴菌大作戰

雖然有聽說過貓咪好像
都很不喜歡洗澡……
不過波奇看起來滿溫馴
的應該不至於……吧？
好緊張
洗貓初體驗怎麼光感覺起來
就不會是一件美好的事啊……
抱起
在被我抱到廁所的過程中，
波奇一路都很鎮定，
我們要來洗澡囉～
還不知道自己
即將大難臨頭
直到我把廁所的門關上那
一刻……
你先不要緊張……
開始發現事情
好像不對勁
退後
大聲呼救
毛嗷！
毛嗷嗷嗷嗚！

自己縮到牆角
毛嗷~~~（你不要過來……）
毛嗷~（救命啊……）
好、好啦我知道~
唉
你這樣讓我覺得自己好像什麼綁架小孩子的犯人啊……
毛嗷~~
毛嗷~~~（放我出去……）
我也不想這樣子啊……
可是你生病了還是要洗澡才會好喔……
只要一下下就好，
拜託不要一直掙扎，忍耐一下嘛！
喵~~
因為波奇剛到新環境，而且也才剛認識我，所以他特別地緊張，
貓嗷嗷嗷嗷嗷
每天一到洗澡時間，我們家就有如在戰鬥一般地狼狽到不行……
瘋狂掙扎想逃跑

加上藥浴的泡泡需要在身上停留15～20分鐘的時間才能夠達到效果
呃。
種種壓力下，平常溫馴乖巧的波奇在洗澡時也有點失控了起來……
對不起喔我知道你怕……
我們乖乖沖水以後就能出去囉～
開小小的水
突然！
咦？
飛撲抓上來
啊啊啊啊啊啊啊啊痛痛痛痛痛死我啦！
伸爪子用力抓
喵！
不過還是要忍耐著幫他把澡洗完……
嗚～
就快洗好快洗好了～～
痛痛痛痛
喵～～

每次幫波奇洗完澡以後的狀態真的只能夠用精疲力盡來形容……
累死我了~~~~
出浴室後就冷靜下來的波奇
外加身上還會出現一些新鮮的抓痕(？)
好痛喔……
臉上
背上
手上
不過還有一個更大的挑戰還在後頭，那就是……
把他吹乾。
轟……
過來吹乾囉……
再度暴走

也因為是黴菌感染，獸醫有交代毛一定要吹到完全乾，
哇啊啊！
快好了啦～～～

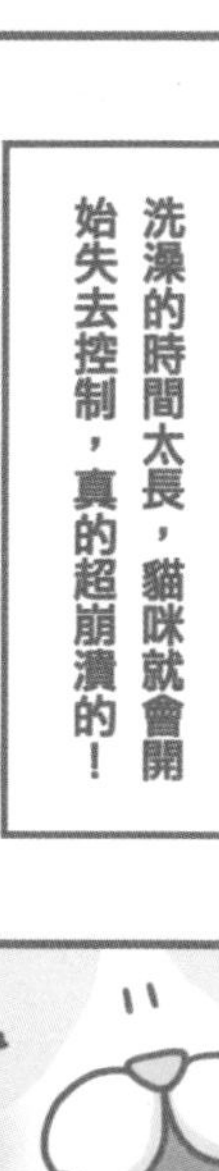
洗澡的時間太長，貓咪就會開始失去控制，真的超崩潰的！

而我也慢慢練就了一身三秒餵藥的功夫，
用一隻手把嘴巴撐開
用腳夾著不讓他跑
訣竅就是快、狠、準！
再瞄準喉嚨裡面一點的地方丟下去！

吞下
還沒弄清楚發生什麼事就吞下去了

來喔！今天吃藥好乖我們來吃罐頭囉～～
喵！
馬上獎品鼓勵一下轉注意力

這種每隔一兩天就幫貓洗澡的崩潰日子，就這樣持續了一個月，
有天我突然發現……
手好癢喔……怎麼回事？
奇怪
天啊……
這該不會是……
連我也中標了吧!!!!
沒錯，此時此刻的愛蜜莉才知道，原來貓咪的黴菌也是會傳染給人的……
（手臂上出現了一個小白點）
在努力了這麼久之後，竟然連自己都跟著中標，
我明明每天都這麼用心的照顧他了啊，到底為什麼呢……
當下真的有一種萬念俱灰的感覺，整個人沮喪到不行……

嗚啊啊啊啊啊啊啊
怎麼還是不能把你照顧好~
崩潰爆哭
我都這麼努力了~~
嗚啊啊啊啊啊啊啊好難
喵!
蹭
喵!
波奇你……
是在叫我不要哭嗎……
妄想女子
…………
發霉二人組
好!媽媽一定會繼續努力的!
就算你發霉媽媽也一樣愛你~~~
我一定會讓你恢復健康的!

第二天一早……
好！
為、母、則、強！
那就讓我們從環境開始著手，把整個家大掃除吧！
首先！把全部的衣服被單都洗過，拿去曬太陽殺菌！
踏踏
再用75%的酒精拿來擦拭家具消毒
噴噴噴！
把貓咪常待的地板跟房間通通用酒精擦過一次！
吶啊啊啊啊

為了讓環境乾燥比較不會長黴菌，我也牙一咬買了一台除濕機，

因為台灣的氣候實在是比較潮濕，我之前買過很多除濕用品都沒什麼效果……

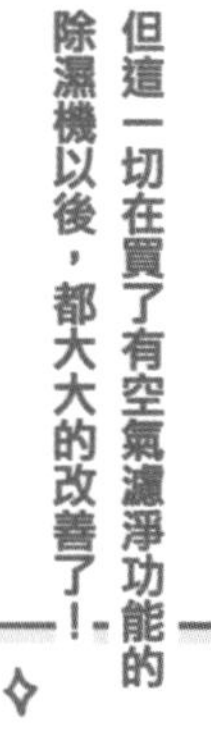

波奇的眼睛也比較不像以前這麼常流分泌物了

而且啊，其實那些除濕盒的單價也不便宜噢，累積起來算一算，買一台除濕機還划算多了呢！

精打細算蜜莉哥

實在值得投資一台啊太太們

也盡量會抓波奇去待在窗戶邊曬太陽
你給我站住！
怒
逃跑
變精明了
當然，該洗的藥澡還是一樣不能少（笑）
我的手也在擦治療的藥膏以後慢慢好了……
終於快好了欸～
你的黴菌長在脖子後舔不到的地方，
嘿嘿也偷偷幫你擦一點……
喵～～～
錯誤示範（？）
整個家裡也因為波奇生病的關係而變得乾淨又清爽～（算是意外的收穫？）

兩個月後的某一天……
喔！波奇你的黴菌好了欸！
波奇！我們做到了！
真是太好了！
後來我也繼續維持著當初消毒環境的習慣，
所以波奇的黴菌從那次康復之後的好幾年，就再也沒有復發過囉！
不過，至於在那之後波奇有多久沒有洗澡了呢？
這個問題我們就改天再來探討了吧……(笑)

知貓咪黴菌抗戰的辛苦，真的只有經驗過的貓奴才會懂啊！雖然現在講起來好像滿輕鬆，但回想起來都不知道自己那幾個月是怎麼熬過來的～T___T

因為貓咪普遍實在都不太喜歡洗澡，偏偏治療黴菌時又每隔一兩天就要洗一次澡，洗完還要把毛吹到全乾狀態，其實時間都會拖滿長的，時間一長，再乖貓咪也會開始不受控制地掙扎，真的是很失控又累人的一項活動啊！本來有想過乾脆送去給寵物店洗，可是波奇的個性比較膽小，加上也會害怕遇到寵物店有過失導致貓咪受傷或死亡，所以還是決定挽起袖子通通自己洗了！至少讓波奇在熟悉的環境洗澡也會比較安心，秉持著這種念頭，到後來我連幫貓剃毛都乾脆自己來了啊！（笑）

餵藥的話我試過幾種方法，像把藥粉拌到罐頭裡（這招我試過但波奇就不吃），或加水用針筒餵，最後我是請醫生開膠囊給我直接丟進喉嚨再餵波奇喝水最快，終於找到波奇能乖乖吃藥的做法～因為黴菌是一場為期好幾個月的抗戰，我當初完全沒想到可以把毛剃光這招！每天光吹毛就吹到要發瘋，如果時光倒流我一定會帶Pocky去把毛全剃光光！另外我在部落格裡面也有詳細分享貓咪洗澡的小技巧跟黴菌的治療，希望對有貓咪黴菌困擾的你們有幫助喔～

已羨慕
好懶……
當貓真好，
身體舔一舔就好了都不用洗澡。

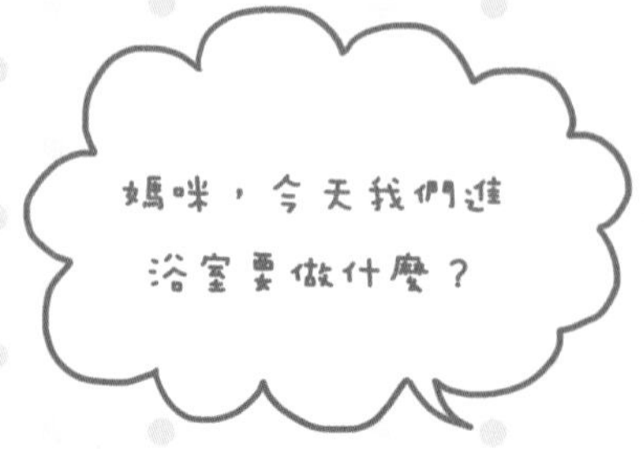
媽咪，今天我們進
浴室要做什麼？

要洗澡囉！

?

放我出去～

洗香香

萌萌噠！

飛機耳

洗完澡馬上睡得香甜

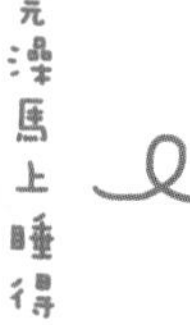

別忘了平常也要
常常曬太陽喲！

哈啊～

中場休息吃罐罐

平常的時候波奇很喜歡
在床的邊邊休息，
每次只要看到我靠近……

哦！
他就會馬上翻肚子撒嬌

扭
扭
好可愛喔～

然後就自己摔到地上了。
實在不知道該
哭還該笑啊……

這到底是笨還是蠢……

CHAPTER 5

CHAPTER 5

武龍 vs. 波奇的戰爭

話說愛蜜莉在養波奇第二年的時候呢，帶著波奇搬回家和武龍一起住～

沒錯！武龍就是愛蜜莉的爸爸，也就是這一章的靈魂人物！

話很少看起來很兇，實際上……（？）

招牌QQ捲髮

喜怒不形於色

兇狠如黑道般的面孔（？）

女兒最高！意外地非常疼女兒（！）

在家總穿著全套白色衛生衣

武龍・中年男子參上

但是呢，我才剛踏進家門就面臨了第一個大問題……
嗨爸～我搬回來了～～
嗯，你回來了啊！快把東西收一收！
真是的
好多箱子亂七八糟的！
其實很高興
內心在撒花
好噢～在那之前先跟你介紹我養的貓咪！
以後我們就要住在一起啦哈哈～
喵！
什麼！竟然多了一隻……
貓!!!?
喵～～～～
請多多指教！
妳怎麼可以帶一隻貓咪回家呢！
不准養！
這樣家裡會很髒啊～又會過敏什麼的！很麻煩啊！
咦!?

拔~他的名字叫做波奇！
他真的很乖喔~才不是你說的那樣呢！
別擔心
- 長輩的傳統觀念 -
不行！養貓環境會變髒！
看你是要去把他送人還是怎麼樣的……
既然爸爸你這麼討厭波奇……還想把他丟掉的話……
苦肉計
有波奇有女兒，沒波奇沒女兒啊~
那就連女兒一起丟掉吧……嗚嗚~
嚇！
傻爸爸
那……那……好啦好啦！隨便你啦！可是你要自己把他照顧好！
立刻妥協
喔耶成功~~
眼藥水
於是，武龍和波奇一起生活在同一個屋簷底下的日子，
就這樣開始了……

到底為什麼……
什麼東西？
蛤？
貓咪會躺在人坐的沙發上呢！還佔了全部座位！寵物不是應該關在籠子裡嗎！
哎呀養貓咪沒有人在關的啦～呵呵呵～這樣很正常～
下來！沙發是給人坐的啊不是給貓的！
波奇來～
喵嗚～
我們這麼可憐喔～過來媽咪秀秀～
嗷嗚～
波奇～你阿公都不疼你～可憐～
而且我才不是他阿公!!!!

總之日子就這樣一天一天的過去，
波奇也一直都很乖……
…………
注・視
幹嘛？
手正在玩橡皮筋
武龍有一個習慣，
就是常常拿著橡皮筋在手上玩
剛好波奇最喜歡的玩具就
是橡皮筋了！
波奇眼中的世界
快來和我玩吧～
是橡皮筋喔～
你要幹嘛！
這隻貓在做什麼？
抓抓
抓抓

你是想要玩這個嗎？
喔？
喵
抓抓
抓抓
我撥！
好開心～～
喵
這一撥可不得了，
武龍之心的開關
ON
OFF
波奇似乎打開了武龍深藏在內心裡的某一個開關（？）

男子漢都是要玩橡皮筋的啊！
哎喲！不錯嘛你
(？)
從此，波奇慢慢融化了武龍鐵漢柔情的心……
喵------
他都會當最早起床在武龍門口等門的那個，
啊，你也起來了啊
喵～～
在廁所門口等
嗯，很乖。
哪裡來的心花朵朵開(？)
喔喔～空氣中好像瀰漫著不同的氛圍呢！
波奇幹得好！繼續保持！
Good Job！

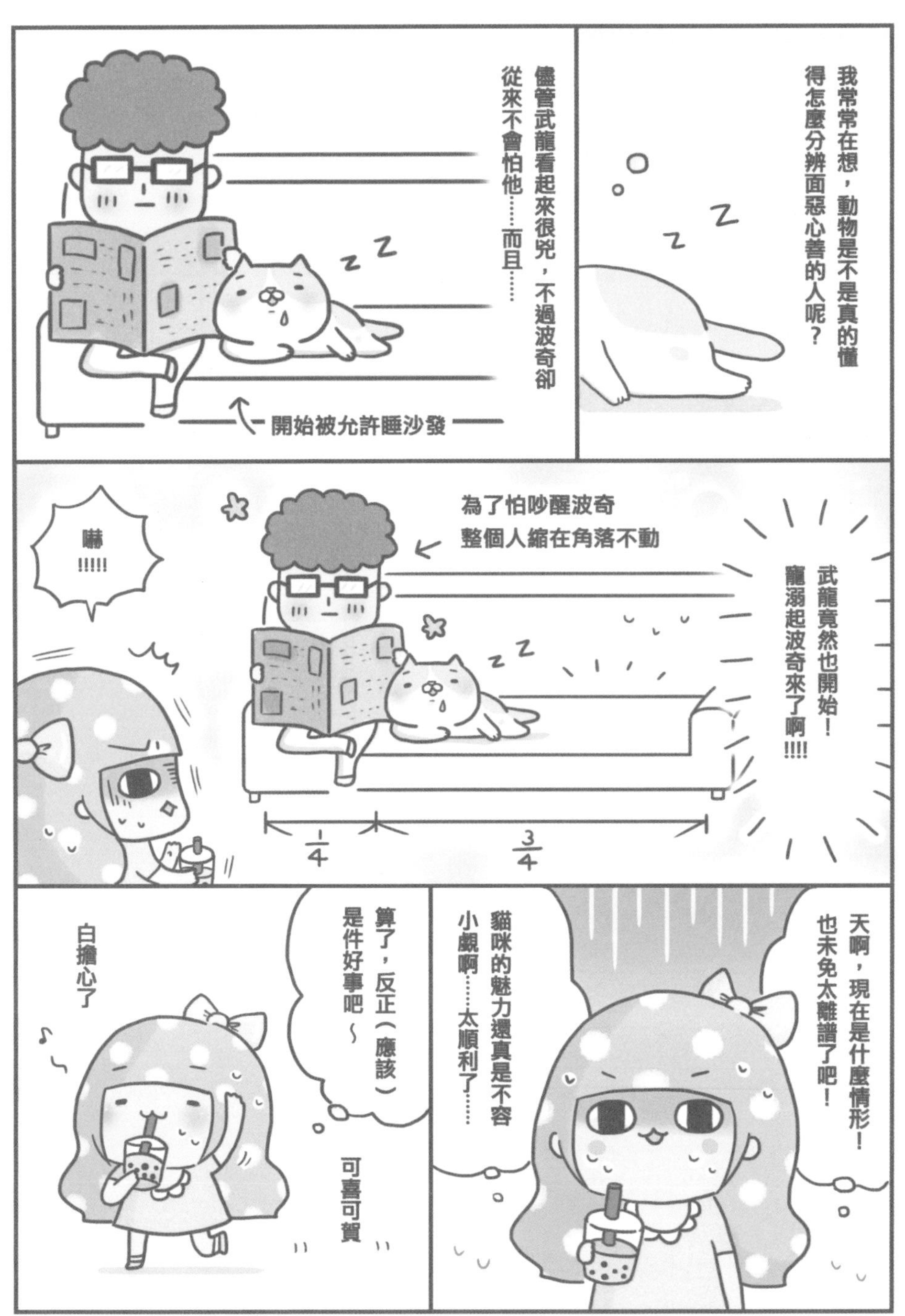
我常常在想，動物是不是真的懂得怎麼分辨面惡心善的人呢？
Z Z
儘管武龍看起來很兇，不過波奇卻從來不會怕他……而且……
開始被允許睡沙發
Z Z
武龍竟然也開始寵溺起波奇來了啊!!!!
為了怕吵醒波奇整個人縮在角落不動
Z Z
$\frac{1}{4}$
$\frac{3}{4}$
嚇!!!!!
天啊，現在是什麼情形！也未免太離譜了吧！
貓咪的魅力還真是不容小覷啊……太順利了……
算了，反正（應該）是件好事吧～
可喜可賀
白擔心了

最誇張的是，有一天我早上比較早起床時發現……
好睏……
我們……哈哈……
喵～～
什麼聲音？
誰在講話？
武龍竟然!!!!
這麼棒噢～
喵～～
嚇都給嚇醒
抱著波奇在鏡子前面講話啊!!!!
我的爸爸竟然在和我的貓講悄悄話啊啊啊啊啊啊啊啊（甩頭吶喊）
喵～～
愛蜜莉的內心吶喊
我的爸爸
竟然在和貓說話
中年男子的逆襲？
讓十億人都幾驚呆了
超展開！
現在是哪一齣

波奇連武龍都可以如此輕易征服……
魔之貓咪
喵星人根本可以控制地球了吧……
King of the world～～～
貓咪的魔力，
實在是太驚人了啊!!!!!
波奇和武龍的感情也一天天變得越來越好……
波奇甚至還會自己跑去和武龍睡覺!!!!!
（莫名平和的畫面）
!!!!!!
隔天起床還會聽到……
你的貓咪昨天又跑來跟我一起睡了餒～
得意貌
咦!
波奇真是壞貓咪啊……
是喔……
*POINT!
此時對長輩要記得使用說反話!

實在是有點困擾啊～
不過他也不壞啦其實！哈哈哈
而且貓咪比想像中還愛乾淨呢真意外，以前都誤會了！
可是我現在整個床都是他的毛。
你等下記得去把我的床黏一點
-愛蜜莉心之吶喊-
這分明是……
假抱怨，真炫耀吧！
還為了貓使喚女兒！
不過這樣也好啦～
感覺波奇也很開心呢！
天倫之樂（？）
能看到波奇跟武龍相處得這麼棒實在是太好了～
當初決定養貓
真是養對了啊～～
呵呵呵呵呵呵

某一天在家……
橫衝
直撞
喂！波奇你不要在家裡撞來撞去的！
那個地板會被抓壞啊！
你幹嘛對他這麼兇，
他已經很乖了好嗎！
咦!!!?
現在竟然坦護起波奇了!!!!!!
是一種靠山的概念!!?
好人都給你當我是壞人嗎!?
故事的最後，武龍對波奇的溺愛依舊在持續進化中
女兒地位不保？
武龍內心地位排行榜
至於會到什麼地步呢，以後就讓我們繼續看下去吧……

說到武龍跟波奇的故事，真的是讓我見識到何謂鐵錚錚漢子的柔情啊!!!!之前在部落格分享這篇圖文的時候，收到好多網友都回應說自己家裡的爸爸媽媽、爺爺奶奶也是一模一樣，一開始把貓帶回家的時候長輩都是第一個跳出來反對的，理由不外乎是貓咪什麼養貓很可怕啦，貓咪不好之類的……結果過一陣子以後卻比自己還要疼貓!整個把貓寵上天，簡直暈到大家心坎裡!（笑）

不過我想長輩大多是刀子口豆腐心，他們的反對也許是因為他們明白養寵物是個很大又很長時間的責任，也或許是因為在他們那個年代裡貓咪都是養來抓老鼠的，甚至有那種覺得貓不吉利、不乾淨的錯誤觀念，所以難免會對貓咪有很多的誤解。但只要耐心的跟他們溝通解釋，讓他們了解其實貓咪是很愛乾淨的，而且還又乖又親人。就像武龍也是在和波奇相處以後才發現，原來貓咪和狗狗不太一樣，居然不用常洗澡也不會臭，而且是非常愛乾淨的動物，整個很驚奇呢！現在三不五時就會說，「欸那個貓咪的碗空了你要裝飯啊。」、「這貓一直在叫是想要什麼東西？」，其實長輩到最後根本會把貓咪卯起來當小孩一樣地疼～～～他們當起貓奴來絕對也是不遑多讓的！！！（笑倒）

今天在這個世界上，貓咪又成功地收服一位貓奴了呢！（笑）

把毛……給我……
看起來好暖啊……
抖
抖
貓奴的冬天

吃飯表情浮誇界一哥★

歐麥尬的~~~

太好吃啦~~~

大口咬！

翻肚子討吃

媽媽～碗空了啦！

波奇最大的興趣還有
嗜好就是吃飯了！

肚子餓就擺臭臉

結果後來只穿那一次就沒有再穿過了……

CHAPTER 6

CHAPTER 6

沒有用的東西

比起被期末報告摧殘的我，是多麼的令人羨慕呢……
奄奄一息
不過確切地來説，他是對任何會快速移動的東西都非常感興趣。
呵呵呵年輕真好呢……
我撲！
但其中他最喜歡的呢，就是最便宜又不用錢的……
興奮
橡皮筋啦!!!!!
去吧波奇！
就決定是你了！
肥肚寶貝？

只要有一條橡皮筋，他就可以玩得不亦樂乎
飛撲
哈哈哈真是靈活的小胖子啊～～
三秒後。
……
咦!!!!?
呃……你先冷靜一下……
狂奔回來
期待的眼神
怎麼有種騎虎難下的感覺……

啊……
期待
期待
好……好吧……
呃……
那我們再玩最後一次吧……
半個小時過去……
波……波奇……媽媽不行了啊……
橡皮筋呢？
電力依舊100%
你要知道媽媽有點年紀了……
波奇這麼愛抓會動的東西，我想大概是貓科動物的本能吧？
小提醒
雖然波奇他知道不能吃橡皮筋，
不過大家還是要注意家裡的寶貝會不會不小心把橡皮筋吃下去喔！
波奇只是看似笨其實很聰明（？）

雖然波奇喜歡會動的東西，
不過除了一樣以外，那就是……
喵……
倒退嚕
嗯？
怎麼啦？
快速移動的
石化。
花惹發……
蟑螂啊啊啊啊啊!!!!

敵不動，我們不動。
波奇，我們需要先冷靜……
等我數一、
二……
三!!!!
來人啊！
嘎啊啊啊啊啊救命啊！
塊陶啊啊
不要過來……
啊!!!!
喵!!!!!
嚇啊
此時房裡的武龍哥……
嘎啊啊啊啊啊啊啊啊
怎麼了！發生什麼事了啊！
慌張
嘎啊啊啊啊啊啊啊
爸你快來救我
喵!!!!
立刻從房裡衝出來的武龍！

看到了極度荒謬的畫面。
爸!!!!!
蟑螂啊啊啊啊
救救我們啊!!!!!
吶啊啊啊啊啊啊啊啊
……
瞬間!
啪！
一命嗚呼
你們……
這兩個……
爆怒
沒有用的東西!!!!
不就是蟑螂嗎!
真是嚇使人了呢～
呼
喵～
沒有用的東西2號
沒有用的東西1號
還有那傢伙不是貓嗎！

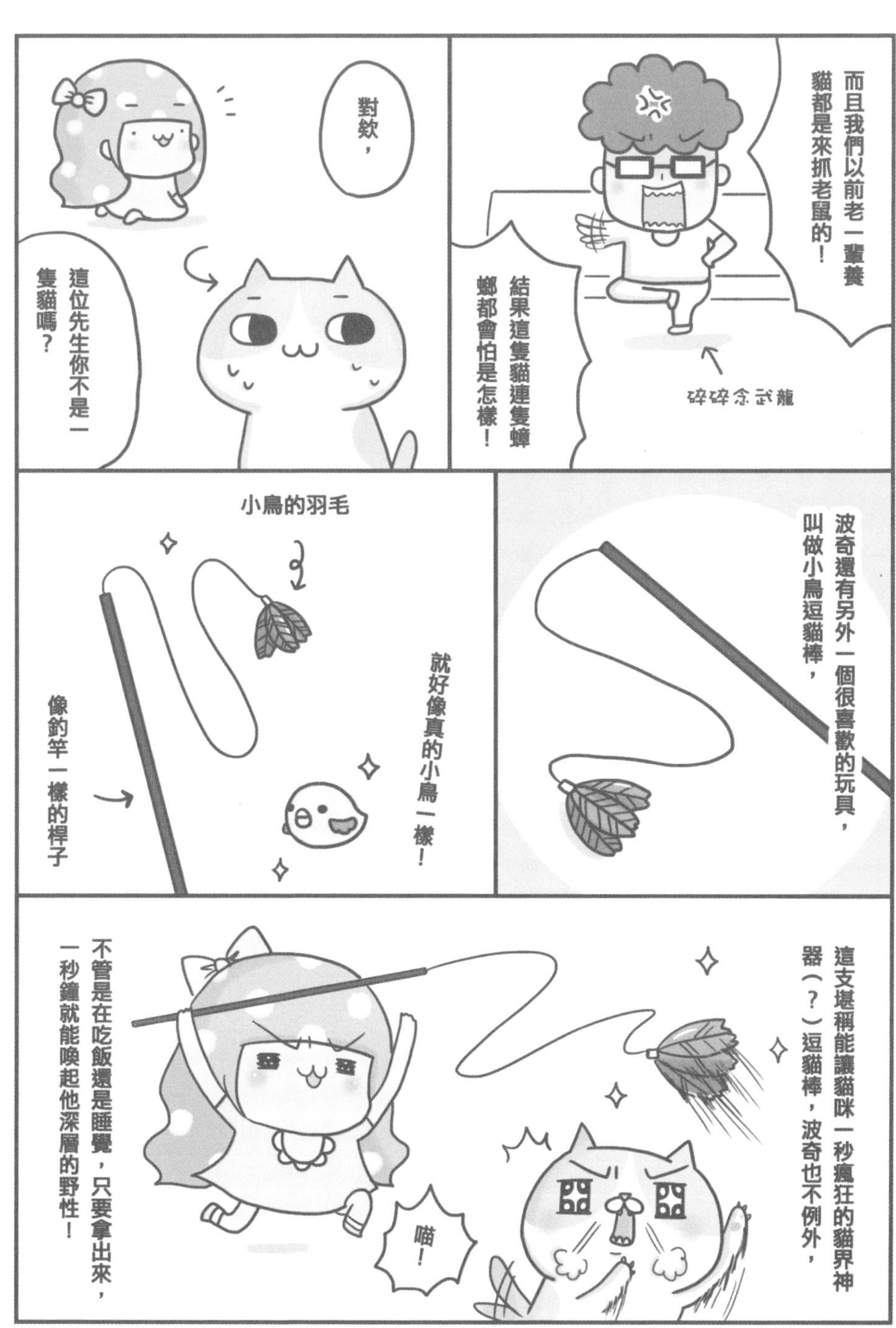
而且我們以前老一輩養貓都是來抓老鼠的！
結果這隻貓連隻蟑螂都會怕是怎樣！
碎碎念武龍
對欸，
這位先生你不是一隻貓嗎？
波奇還有另外一個很喜歡的玩具，叫做小鳥逗貓棒，
小鳥的羽毛
就好像真的小鳥一樣！
像釣竿一樣的桿子
這支堪稱能讓貓咪一秒瘋狂的貓界神器（？）逗貓棒，波奇也不例外，
喵！
不管是在吃飯還是睡覺，只要拿出來，一秒鐘就能喚起他深層的野性！

以前的我都有在家點香氛蠟燭的習慣，直到有一次和波奇玩小鳥逗貓棒……
波奇！今天的逗貓棒時間到啦～
喵
在玩得開心到忘我的時候……
呵呵呵呵呵呵呵呵
突然！
揮過去
嚇！
唰------
剛好擦過
啊!!!!!
呼……呼……
嚇死我了……

實在是太可怕了啊!!!!
剛剛要是一不小心點燃了的話……
一瞬間就會變成……
究極、無雙
真、火鳥逗貓棒了啊啊啊!
然後新聞就會報導出來……
現在為您插播一則新聞，
一名女子因為在家與貓玩耍而釀成大火……
最新
逗貓棒釀成大火！
光想像這一切就覺得未免也太……
太丟臉了吧!!!!!
好里加在上帝保佑
(喂放錯重點了吧)

身為一個貓奴要割捨的東西果然很多啊……
唉
?
哪天不小心打破的話也危險……
波奇會被刮傷
為了安全起見還是趕快收起來吧……
不過真的要說到貓咪最喜歡的東西，
我想大概就是所有被規定不能碰的東西了吧……（苦笑）
喂！
不要抓新買的床墊啊你！
我講一百遍了！
理智線斷裂

關於波奇最喜歡的玩具，波奇有一個很特別的地方就是……他都喜歡不用錢的東西啊！！！像是橡皮筋啦、紙箱啦、瓶蓋啦……都是他的最愛，簡直是勤儉持家的節省一哥，每次幫他買了什麼貴貴的貓玩具他都玩了一兩天就不玩了，後來我也就索性不買了（攤手），算是變相地在幫媽媽省錢吧，真是乖孩子～（但伙食費他可是從來不讓我省的XD）

而且啊貓咪也是需要陪伴的喔，雖然大家好像都覺得貓咪很獨立可以不用多花時間陪他們玩，事實上因為貓咪是貓科動物的一種，所以他們也是有狩獵本能的！這也就是為什麼他們特別愛抓逗貓棒那種快速移動的東西，會有像在叢林捕抓獵物的興奮感！

想當初波奇在剛來我家的時候常常半夜不睡覺，都會在家裡四處咚咚咚咚興奮地跑來跑去四處撲抓，雖然知道他是因為想要玩才這樣，不過在睡覺的時刻還真的不知道該不該阻止啊……但現在波奇大概是年紀比較大了沒小時候這麼過動，晚上都乖乖地跟我一起睡覺了，小朋友時期跟中年大叔時期果然還是有差的啊（笑）

各種波奇最愛的橡皮筋♥

我咬！

給我！

好想玩！

小鳥逗貓棒的小鳥兒

等到都快要睡
著了啊……

cu
吃手手

唉呀，想玩逗貓棒啊？
嘿呵呵呵呵呵
跳
半小時過後……
跳
呃……
這玩意到底是在逗貓還是逗貓主人啊!!!?
是想累死誰
呼
呼

CHAPTER 7

CHAPTER 7

那些養貓的丟臉事

喵~~~~
好乖好乖~
嗯？波奇你要做什麼？
踏
呼嚕呼嚕
呼嚕呼嚕
呼嚕呼
踏
揉
是發生什麼事了……
咦！
呼嚕呼嚕呼
踏
揉
波奇你怎麼了？
媽媽會怕
你好奇怪喔，不要這樣啦……
呼嚕呼
踏
呼嚕呼
停止。
扶住
波奇。

嚇!!!!
踏
繼續踏
怎麼沒辦法阻止啊！
踏
而且波奇你的表情看起來……
好猥褻啊!!!!!
呼嚕呼
眼睛半瞇
呼嚕呼嚕
踏
這什麼陶醉的臉……
呼
止不住地踏
踏
呼吸發出怪聲又做怪動作……
波奇你該不會是……
中邪了吧。
呼嚕
呼嚕
呼嚕
呼嚕
怎麼辦！
貓咪也懂中邪？要帶去收驚嗎？
這麼晚了，醫院也關了，只能先上網查查看了……

貓……發出呼嚕聲……
還一直踏……
呼
嚕
呼
……!!!!!
竟然是這個原因啊……
原來貓咪在還是幼貓，要吃貓媽媽的奶水的時候，
會用手掌輕輕按摩貓媽媽的肚子，刺激貓媽媽分泌乳汁……
小波奇
所以在長大以後，當貓咪感到很安心、信任的時刻，
按摩
按摩
就會做這個小時候對媽媽才會做的動作……
如果是在幼貓時期很早就離開母貓的小貓咪，
按
踏

在長大以後會更經常出現這個動作……
波奇……
原來你是把我當成貓媽媽了啊！
緊緊抱住
嗚嗚……
傻孩子
呼嚕
呼嚕
呼嚕
雖然我沒有奶可以給你吃，
不過我會給你很多母愛的！
來媽媽懷裡哭泣吧～～
（喂）
至於貓咪發出的呼嚕呼嚕聲，
呼嚕呼嚕呼嚕呼嚕呼嚕呼嚕呼嚕
呼嚕呼嚕呼嚕呼嚕呼嚕
也是在很安心放鬆的時候才會發出的聲音喔！
能夠深深感受到波奇對我的愛呢～～
嘿嘿
媽媽也很愛你喔～
再一次覺得養貓真的好幸福喔～
幸福的呼嚕呼嚕時光

愛貓小知識
愛注意！
不過貓咪其實不只是在開心的時候會發出呼嚕聲，有時在生病時也會呼嚕來舒緩自己的緊張的情緒唷～
幾天後……
欸你的那隻貓最近有點奇怪欸……
昨天晚上跟我睡覺時一直在發出豬聲……
什麼豬聲!!!?
豬聲!!!?
波奇你果然是隻豬嗎！
嗯……就是一直發出一種ㄍㄡㄍㄡㄍㄡ的聲音……
很像豬在叫的聲音。
是呼吸不順嗎？
噗!!!!
爸你該不會是在說一種像呼嚕呼嚕的聲音吧……

應該是吧，好像從喉嚨發出的聲音……咕嚕咕嚕的……
啊哈哈哈哈哈哈哈哈哈哈哈哈哈
豬聲是什麼形容詞啊笑死我了啦！
笑倒在地
啊哈哈哈哈哈
？？
啊哈哈哈哈哈哈爸你未免太有創意了！
那個是貓咪特有的呼嚕呼嚕聲啦～
那是代表波奇他在跟你說他很愛你的意思喔！
羞
是……是這樣啊！
LOVE
不過最難忘的經驗還是莫過於有一次在家……
波奇你脾氣真的好好喔～
這樣摸你肚子都不會生氣～
嘻嘻
軟呼呼的～
摸摸摸
咦？

我摸到了波奇肚子上長了
一顆奇怪的東西……
這是什麼？
這好奇怪喔？
怎麼會這樣……
按
按
波奇你會痛嗎？
摸
好像沒什麼感覺
咦！
摸
這是怎麼回事！
波奇的肚子上……
天啊!!!!
竟然長了好多顆的
奇怪東西啊!!!!
怎麼辦！是皮
膚的病變嗎？
該不會是長腫瘤了……
都長這麼多顆應該已經
蠻嚴重了吧!!?

乖乖沒事了
真堅強的孩子
波奇你怎麼都不說呢～
對不起媽媽都沒發現
一定很不舒服吧！
沒關係！我馬上就
帶你去看獸醫！
外出袋
趁病情還不嚴重以
前快去檢查一下！
喵!!!!
乖啦我們進提袋！
討厭出門去
獸醫院
那麻煩填完資料旁邊
坐著等待一下噢～
唉希望檢查沒事……
該不會要開刀吧……
忐忑
不安
別怕喔
乖喔，不管發生什麼事
我都會陪你面對的！
發抖

波奇還有波奇的媽咪輪到你們囉～
你們好～
波奇的身體最近有什麼特殊狀況嘛？
醫生！
我的貓好像長腫瘤了啊！
激動
怎麼辦！
!!
你先別著急，我先幫他檢查看看！
那你是怎麼知道貓咪長腫瘤了呢？
是我今天在摸他肚子的時候發現的！
這邊啊醫生～
抱起
你看他的肚子長了好多一顆一顆奇怪的東西，
好像小小的腫瘤一樣……

我實在太擔心了！
天啊希望來得及
所以一發現就馬上帶他來醫院了！
呃…波奇的媽媽……其實那個……
哪個!!!!!
醫生你就直說吧我承受得了的！真的!!!!
真的這麼嚴重嗎！
呃……你先冷靜聽我說……
你說的那些腫瘤啊，其實是波奇他的……
乳頭喔。
乳頭喔
乳頭喔

乳乳乳乳乳乳乳
乳乳乳乳乳頭!!!?
你是指胸部的那個乳頭嗎!!!?
奶?
可可……可是我一次摸到了好幾個耶！
沒錯喔！
貓咪也是有乳頭的啊！
而且一次還有很多顆呢！
波奇的ㄋㄟㄋㄟ讚～
也有肚臍
可是他是公貓耶。
怎麼會有乳頭呢？
就像人類的男生也是有乳頭的啊……哈哈
哈哈
你的生物老師會哭泣的……

其他的檢查都正常喔，
波奇是一隻健康的貓咪！
可以放心回家了～
醫生謝謝你～
醫生掰掰！
光速逃離
那一天我才深刻了解到，就算
看了再多如何養貓的教學書，
我的天啊今天也未
免太丟臉了吧！
歐麥尬的
嗚喔喔喔喔喔
我此生再也不要踏
入那間獸醫院了～
連經過也不要經
過啊啊啊啊
都你啦！不會先跟我
說那是乳頭嗎～～
丟臉死了－－－!!!!!
喵～～～～～～～!!!!
（我是要怎麼跟你說啦）
當實際上自己真的養一隻貓時，
這根本又是另外一回事了啊！

雖然愛蜜莉常常上網查貓咪相關的行為代表什麼意思，不過大家發現家裡的貓咪有奇怪舉動或異狀的話，一定要記得趕快帶去看獸醫喔！因為很多時候每隻貓咪的狀況都不一樣，與其自己在家上網猜測，真的不如直接帶去看獸醫比較快也會比較放心～相信專業就對了！

對於一個剛養貓的新手來說，一開始真的鬧出了很多的笑話，什麼風吹草動都很容易大驚小怪地跑去問獸醫！（我想獸醫一定覺得我超煩的XD）加上乳頭事件發生的那陣子其實是波奇黴菌才剛好不久的時候，我整個很怕他黴菌又復發，所以才會導致這麼丟臉的狀況產生啊啊啊啊～～～平常的我可是非常冷靜的呢！（有嗎？）

哈哈哈有時候也能體會到難怪人家都說第一個孩子照書養，第二個孩子照豬養了！（笑）現在波奇只要動一根寒毛、一個眼神我就知道他要幹嘛了啊！果然當媽媽的都是歷經大風大浪後訓練出來的～（這可是當貓奴才會懂的驕傲喔）

各式各樣的超醜表情王
沒奇全紀錄

竟然站著也能熟睡!?

直擊！

今天不開罐頭了嗎！

呆萌……

哥通常都是坐著在沉思的……

你們知道當一隻貓，
要思考的事也是很多啊……

每天都要用舌頭幫自己洗澡

每次看到波奇打哈欠，
媽媽的心都會跟著融化一次啊！

>///<

最喜歡待在媽媽懷裡抱抱
眼神都充滿了愛

UCCU~~~~(σ´∇`)´∇`)σ

無敵欠揍的表情~~

少女愛蜜莉的煩惱
其實，我有一個煩惱……
每一次……
吃飽睡
當我看著我的貓的時候……
睡飽吃
我就會……
好想變成他啊！
也過太爽了吧！
好想當一隻貓

喂，拜託爭氣一點啊。

CHAPTER 8

CHAPTER 8

媽媽是波奇的！

這一章呢，要來跟大家爆料一些波奇不為人知的小秘密……

那些跟大家在表面上看起來不太一樣的隱藏版波奇～

他根本就是隻超級膽小的貓啊啊啊！
那是什麼聲音！
發生什麼事了！！！
嚇到皮皮剉
躲到床底下
波奇那只是打雷啦，不怕不怕喔～
沒錯，波奇就是標準的只會在家當老大的那種類型！
在家一條龍
在外一條蟲
所以呢，身為連隻蟑螂也不敢抓的膽小鬼波奇，
不怕不怕～
我是你的雷雷夥伴喔～
我本來以為他會就這樣與世無爭的過一輩子，

但沒想到，我發現了他連在家裡竟然也是有敵人的……
殺氣騰騰。
怒瞪
假裝沒感受到灸熱目光
那就是……
他討厭我所有的3C產品!!!!!
我的電腦
我的手機
我的繪圖板
我的繪圖筆
就算你這樣看我，我也不會丟掉它們的！
應該說身為一隻小霸王貓，
波奇討厭所有會和他爭寵的東西！
吃醋
吃醋
摔尾巴
但是我每天都需要用電腦畫畫，
就要盯著電腦很久啊也沒辦法……
我也不想這樣……

出現
所以有的時候我用電腦用到一半，波奇就會跑過來……
我踩
哇啊!!!!!!
然後直接在電腦上坐下。
波奇！
直接
太大隻佔據整個桌面
坐下
完全看不見螢幕
你你你你不要動快點下來！
一副：「是你不理我，我才沒有錯」的表情
「誰叫你要用電腦這麼久。」
摔尾巴
哇啊啊拜託快下來～～
波奇乖……
行行好……
我們快下來好不好……

被罵以後就乾脆把眼睛閉起來假裝聽不見
啪嚓
這是什麼態度？
理智線斷裂
波奇……
你不要……
太超過啊！
啊？
敬酒不吃吃罰酒？你再不下來媽媽要揍人了啊！
你要流氓給誰看啊？
立刻感受到事態不對
此刻才心不甘情不願地起身
別別別別別……
波奇你先暫時不要動……
哇啊!!!!

剛剛是誰……
啊？
還在那邊跟我大小聲的……
舉起
空氣凝結
定格
我踩！
關機鍵
啊啊啊啊我的資料!!!!!
我通通都還沒有存檔啊啊啊啊啊啊啊啊啊啊啊啊啊啊啊
關機。
喵？
?
你走開啦……我再也不要理你了啦……
嗚嗚嗚嗚……
讓我一個人靜一靜……

這應該是每位貓奴都必經的血淚心酸史吧……
真的，我都懂。
當然，我遭受到的攻擊絕對不止這樣而已，
也因為我每天都拿著繪圖筆很長的時間在畫畫，
所以波奇對它也是有著諸多的不滿……
眼中釘2號
…………
嗯？
你要幹嘛？
張開嘴巴！！

喂!!!!!
我咬!!!!!!!!
親愛的，快放開這支筆你牙齒會受傷的……
朕要與他一決勝負……
傻孩子啊……
唉，該怎麼讓你理解它只是個沒有生命的東西呢……
於是我的繪圖筆上佈滿了波奇滿滿的齒痕……
傷痕累累的繪圖筆
有時，波奇也會異想天開想和電腦一決勝負……
跟他拼了
笨貓！這個是不鏽鋼做的，你的牙齒絕對會先斷的啊！
不是我不給你咬！

其中敵人也少不了媽媽最愛的指甲油光療機……
耶要來做指甲囉～
今天要做什麼顏色好呢～
盯
媽媽又打開了盒子……
拿出了那些奇怪的東西……
憑那些小小的東西……
光療指甲組
光療燈
也想跟我爭？
哇！根本不用擔心啊！
繼續睡
不自量力
沒想到……

這玩意……
呵呵呵呵呵呵
還真的完全贏走了媽媽的注意力！
波奇的玻璃心碎吶喊
你這蠢奴才!!!!!
我呢！那我呢！
媽媽你把波奇放哪裡了！
媽媽！
不行！
我不能輸！
喵！
喵！
怎麼啦？
你只能注意我啊！
媽媽在忙啦，等一下噢！
繼續用

波奇！
雙重打擊
心靈受創
又再度被無視了!!!!
我討厭……
這個東西!!!!
眼中釘三號
哇！
波奇你在幹嘛！
衝撞
喵～～～～!!!!!
…………
往上撞！
波奇!!!!!

媽媽要生氣了噢！
不可以這樣子！很危險！
忍無可忍，無須再忍……
乾脆……!!!!!
舉起手
一人一邊！擁有媽媽！
我扶！
輸人不輸陣
媽媽是大家的！
手扶在媽媽的腳上
堅定
………
不移的眼神
波奇原來你……

你也想擦指甲油啊～～
哎喲早說嘛～
絕對讓你漂漂亮亮的～
喵～～～～!!!!
（不是這樣啦！）
有的時候，貓咪的邏輯還真的是很難懂呢（笑）
波奇還有另一個習慣，就是非常喜歡在我所有的東西上面蹭
我蹭
我蹭
因為貓的下巴兩邊都有荷爾蒙的腺體
貓咪會把自己的氣味抹在東西或人上面，為了宣示主權，
繞來繞去蹭我的腳
蹭在媽媽身上
對於充滿自己味道的環境，貓咪也會比較安心，

蹭蹭
不管是在我用手機的時候……
蹭蹭
還是用電腦的時候……
或者是在……
你給我出去!!!!
哩馬卡差不多勒!
出現
有點像貓咪氣味勢力範圍，但人是聞不到的～
氣味
對於波奇讓我意外的愛吃醋及對主人的強烈佔有慾，
蹭了就是波奇的味道
媽媽只能愛波奇一個
……
也會覺得不難理解為什麼波奇是適合單獨一隻養的貓了啊～

我常常在想，如果波奇是人的話……
腋毛
愛蜜莉的妄想
我的天啊我要吐了啊啊啊啊啊啊啊啊啊啊啊啊
大概就是一個人在用腋下到處亂蹭留氣味的概念吧……
怎麼光想像就不舒服……
好噁心喔……
果然有些事情就只有貓咪做起來才合理啊……
後來只要一逮到機會……
波奇就會跑去坐在電腦上。
win
好像很開心
霸凌電腦
唉……你開心就好，至少這樣牙齒不會斷。
無奈……
波奇，七歲，與愛蜜莉一起生活了四年，到今天依舊在學習如何和媽媽的3C產品和平共處中。

養貓很特別的一件事是，我發現每一隻貓都會有很鮮明的個性，真的好像人一樣！可能以前愛蜜莉家裡有養過幾隻狗的關係，我發現狗對於主人都是比較順從的，和貓咪真的完全不同！貓咪完全就是活在自己世界裡的一種生物，一個隨心所欲的個體！以前養狗狗時候的主僕關係是人是主狗是僕，養貓咪以後才發現，根本就是人是僕貓是主啊！！！你要呼喚貓咪過來，要看他老大現在的心情好不好，想要抱貓咪也要選良辰吉時看他給不給抱，更不要說妄想著要帶貓出去玩了！（苦笑）

而且波奇真的像人一樣有佔有慾，他超愛跟任何會吸引我注意力的東西吃醋，面對愛吃醋的波奇，有的時候真的也有很多很多的無奈啊～一方面是很開心波奇這麼重視（？）我，另一方面是不知道怎麼跟波奇解釋這些跟他爭寵的東西並不是有生命的XDDDD

每次只要我用一個東西時間長一點，或者用的時候很專心不太會理他的時候，他馬上就會對那樣東西產生敵意！！！偏偏那個反應又超可愛的，實在是讓我好氣又好笑的啊（當然檔案被刪掉的時候我是笑不出來的），我想也許有一天我會慢慢習慣的吧.....

打雷躲到桌子底下

造反有理！
愛吃醋的波奇全紀錄

我咬

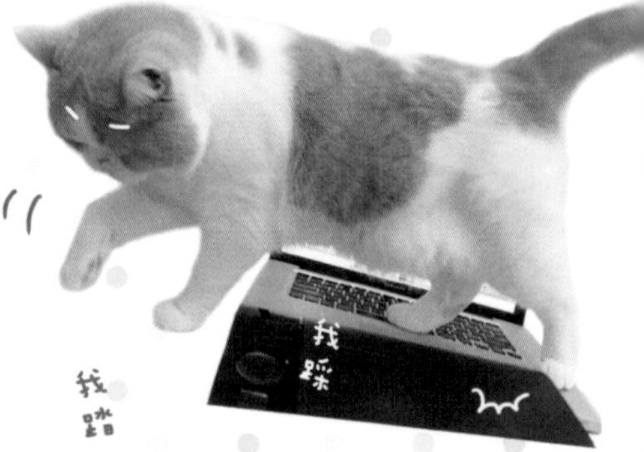

我踩

我踏

超故意

……

喂!!!!

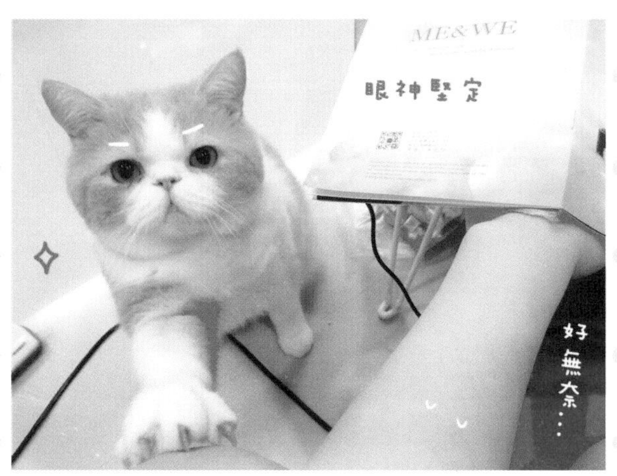

這樣我手是要怎麼動⋯

根本是自己愛睡覺吧你！

CHAPTER 9

CHAPTER 9

能夠遇見你，真好！

到現在也漸漸成為一個可以獨當一面照顧波奇的主人了……
這傢伙真的沒問題嗎……
覺得擔心
就吃這個吧！波奇來！
就它了！
走掉……
以前總愛亂花錢的我，開始學會不亂買東西了
窩喔
好漂亮～
好想買新衣服～
以前想都不用想就會買的價錢
嚇!!!
$0000
這也未免太貴了吧！
咦!!?
愛蜜莉眼中的世界
波奇餓餓
媽媽……
咦咦咦咦咦標價旁邊出現了什麼!!?
那是什麼東西!?
$0000
天啊……
標價旁怎麼開始浮現出波奇的臉……
是幻覺嗎

現在買貓咪東西的順序絕對是排在買自己東西的前面了啊（淚）
再見新衣服～
再見新包包～～
不行！我要快離開這是非之地！
淚奔
月底還要買波奇的飼料跟新貓砂還有玩具跟罐罐，我要忍耐啊啊啊啊～～～～
為了幫波奇在生病時留預備金，甚至也開始精打細算的理財了，
窩喔！
這個在特價好便宜！可以囤一下貨啊～～
大特價！！
NIKO
你是誰！
身邊的朋友都說我好像和以前不太一樣了（是媽媽咪變重嗎？）
一個人在外打拼時，我開始期待至少有你在等我回家……
波奇！媽咪回來了！
喵
好棒噢～你今天一個人在家有沒有乖乖呀～
喵嗚～

[變身中]
好好好馬上就弄飯給你吃喔～～
喵～～
喵～～
欸咻
吼今天真的是漫長的一天啊～～～
多了你聽我說那些從來沒有告訴過別人的話和發生的鳥事，
我好像不再是寂寞一個人了
那傢伙實在是
太可惡了啊啊啊啊啊啊啊～～～～～～
氣死人啊
飯飯？
?
每次出門旅行個兩三天就會好擔心想奔回家，怕你沒有乖乖吃飯睡覺
HOLLYWOOD
波奇不知道現在在幹嘛～有沒有在偷偷想念我呢～
要是他吃不下飯，睡不著覺該怎麼辦勒……

打電話問問看波奇現在過得好不好，實在沒辦法專心玩啊好擔心～～
嘟嚕嚕嚕嚕嚕嚕嚕嚕嚕……
喂？
接通
波奇!!!!
是媽媽啊!!!!!
這位太太你先冷靜一點！波奇很好，沒什麼適應問題～
只是他看起來好像心情不太好就是了！哈哈哈哈哈～～
你自己看
嗚啊啊啊啊啊
波奇啊啊啊啊啊啊啊啊啊啊啊啊啊啊啊啊啊啊啊啊是媽媽啊千萬不要忘了媽媽啊～～
雖然説事後都證明我好像都是白擔心了啦……（喂）
結果根本是這傢伙離不開貓咪

我也發現了自己以前想都沒想過的耐心和包容心
嚇!!!!
怎麼回事！
為什麼回到家就一團亂！
亂七八糟…
燃起熊熊怒火
林波……
罪魁禍首
林波奇!!!!!!
你給我過來！
知道自己做錯事撒嬌光波全開
喵？
發生什麼事情了嗎？
氣都消一半了
好可愛啊…
可惡…
我好像慢慢地在改變了……

鐵、血、教、育
不管！
這次還是要扣你一星期罐罐！
雖然還是會常常被波奇氣到很想揍他一頓就是（笑）
波奇生病的時候，我好像也開始能體會從小父母照顧我們的辛苦了
嗚啊啊啊！
怎麼會突然這樣
拉血便
嘔吐
自己帶著波奇東奔西跑看醫生……
嗚嗚嗚……
你一定要撐住
醫生救救我的貓！
花多少錢都沒關係！請你快救救他～
咦!!?

看到你在乖乖地檢查跟吊點滴的時候，
喵……
想幫你承擔這些痛苦，
你要趕快好起來喔……
想要你健康快樂地長大，
那是一種不求回報只希望你一切都好好的心情……
雖然你有時候也會做一些讓我哭笑不得的蠢事，
請問可以讓我自己上廁所嗎這位先生？
做什麼都要跟一下
注視

但更多時候是讓我覺得你好貼心
嗚嗚嗚……
好難過……嗚嗚……
媽媽……好像在難過啊……
喵～～～
無限延伸
噗！
欸咻
我倒
啊哈哈哈哈哈哈！波奇你在幹嘛啦！沒事為什麼要在那邊裝可愛～～～
哈哈哈哈哈
難道……
你是在安慰我嗎……

養貓最棒的地方，就像是多了一個家人一樣，
波奇！
你最好了～～～～～
有一個生命可以這樣無條件的相信我，不管我是什麼樣的人，
沒想過這樣粗心大意又少根筋的自己，有一天也可以為另外一個生命負責
今天來敷個面膜吧，敷面膜時當然少不了要……
波奇……
嘿嘿嘿嘿
你是誰！
喵!!!!
我深信愛是一種責任，一種溫柔
過來媽咪抱抱～～
幼稚鬼
喵!!!!
養貓讓我變成一個更柔軟的人了

常常會覺得
人生中可以遇見你
真是太好了呢！波奇
你會不會也這樣覺得呢？
雖然很多地方我還不是做到
最好的主人，
但我很努力讓你成為一隻最
幸福的貓咪喔！
就像我第一次見到你那天
在心裡對自己默默下的決定

一定會好好照顧你
從今以後一定不再讓你和主人分開
之後的日子還請你繼續多多指教了呢！
波奇與愛蜜莉的生活故事，
讓我們一起繼續快樂成長下去吧！

謝謝大家終於把這本書看完了！（笑）在最後這裡也想跟大家分享幾句心裏話～其實啊養貓不會完全都只有美好的時刻，有的時候甚至也會為生活帶來一些養貓前沒想過的困擾喔……

像是一年你可能有幾個月都要住在貓毛滿天飛的環境裡，有的時候家具也會突然多了一些不太美觀的爪痕，放在桌上的東西一不小心就碎在地上給你看，做事情時還會硬生生地被打斷！家裡多了讓你無法安心出遠門的一口子，然後你也會深刻體會一個成語叫何謂標準的把屎把尿（？）三不五時會因為貓咪生病的龐大照顧費用吃緊就算了，還外加一顆揪得不得了的心，甚至到最後你還得要承受他們離開當小天使的心痛時刻……

但是，你會發現自己竟然甘之如飴。

那些安心的信任，溫暖的陪伴，還有那些哭著笑著的珍貴回憶，是再多金錢也換不到的情感。這麼幾年來，有波奇陪伴著我的日子，每一次每一次回想起來，都不禁會深深地覺得，當初有決定養貓真是太好了呢！

我一直相信，遇到的每個人、每件事，都一定有它對你生命影響的意義存在，波奇讓我學到了很多東西，也發現了自己很多意想不到的部分，希望這些我和波奇生命中的歡笑與淚水，也能帶給你們一些笑容與感動，更珍惜身邊擁有的一切:)

那麼還等什麼呢？快去養隻貓吧！（笑）

多謝支持~~~

各位客官請受波奇一拜！

後面還有更精彩的別錯過囉！

不分春夏秋冬……
扛飼料
不論颱風下雨……
扛貓砂
SNAPPY
都是為了家中的老大……
不管你願不願意，
所有的貓奴到最後都會被淬煉成勇健的身心靈啊。
媽媽好棒~

後記

聽人家說道謝時要露出胸部才有誠意？

感謝你們！

能夠完成這本書，心中真的只有滿滿的感謝。

感謝在創作期間支持我的家人朋友，
不厭其煩地給我意見以及滿溢的關心，
感謝總編輯穗甄對我的包容與鼓勵，
給了我這個機會完成我的夢想，
還有總是耐心回答我問題的責任編輯平靜、
負責行銷的穎論、以及美術設計昱琳和瓊瑤，
真的沒有你們的幫忙就不會有今天這本書！

沒想過自己跟波奇的故事有一天也能出成一本書，
真的好像在作夢啊（笑）
希望這本書可以讓大家感到幸福又療癒，
也帶給愛貓與還沒開始愛貓的你一點歡笑或感動，

尤其特別特別感謝手中拿著這本書的你，
有你們的支持與愛，我一定會繼續加油的！

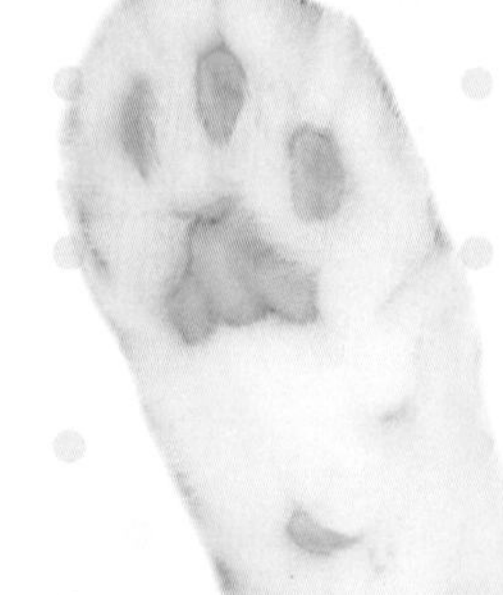

波奇好好吃
&愛蜜莉的異想世界

到我們喔！在這裡也能找

愛蜜莉和波奇有兩個不同的 Facebook 粉絲專頁，每天都會上傳波奇的可愛相片還有分享插畫圖文作品喔！(≧▽≦)/

1 波奇好好吃

https://www.facebook.com/pockycat

2 愛蜜莉的異想世界

https://www.facebook.com/yibabiblog

3 INSTAGRAM

搜尋 yibabi1224

4 痞客邦Blog

http://yibabi.pixnet.net/blog

愛蜜莉和波奇會
繼續帶給大家歡樂的！

部落格跟Instagram
也別忘記啦！

國家圖書館出版品預行編目資料

波奇好好吃：愛蜜莉的貓奴養成日記／愛蜜莉著 -- 初版. -- 臺北市：平裝本，2015.12
面；公分.--(平裝本叢書第424種)(散・漫部落15)

ISBN 978-957-803-993-3(平裝)

437.364　　104024219

平裝本叢書第424種
散・漫部落 15

波奇好好吃
愛蜜莉的貓奴養成日記

作　者—愛蜜莉
發行人—平雲
出版發行—平裝本出版有限公司
台北市敦化北路120巷50號
電話◎02-27168888
郵撥帳號◎18999606號
皇冠出版社(香港)有限公司
香港上環文咸東街50號寶恒商業中心
電話◎2529-1778　傳真◎2527-0904
總編輯—龔橞甄
責任編輯—平　靜
美術設計—愛蜜莉、嚴昱琳
著作完成日期—2015年
初版一刷日期—2015年12月

法律顧問—王惠光律師

讀者服務傳真專線◎02-27150507
電腦編號◎510015
ISBN◎978-957-803-993-3
Printed in Taiwan
本書特價◎新台幣299元／港幣100元